BEI GRIN MACHT SICH IHR WISSEN BEZAHLT

- Wir veröffentlichen Ihre Hausarbeit,
  Bachelor- und Masterarbeit

- Ihr eigenes eBook und Buch -
  weltweit in allen wichtigen Shops

- Verdienen Sie an jedem Verkauf

Jetzt bei www.GRIN.com hochladen
und kostenlos publizieren

Bibliografische Information der Deutschen Nationalbibliothek:

Die Deutsche Bibliothek verzeichnet diese Publikation in der Deutschen National-
bibliografie; detaillierte bibliografische Daten sind im Internet über http://dnb.d-
nb.de/ abrufbar.

Impressum:

Copyright © 2017 GRIN Verlag
Druck und Bindung: Books on Demand GmbH, Norderstedt Germany
ISBN: 9783668876477

Dieses Buch bei GRIN:

https://www.grin.com/document/453822

Holger Eknem

Welchen Einfluss besitzen die Eigentümer von Handelsimmobilien auf die Attraktivität deutscher Innenstädte?

GRIN Verlag

Modularbeit mit dem Titel

Welchen Einfluss besitzen die Eigentümer von Handelsimmobilien auf die Attraktivität deutscher Innenstädte?

Inhaltsverzeichnis

Abbildungsverzeichnis

1. Einleitung

‚Wir gehen/fahren in die Stadt' – diese Worte sind jedem von uns umgangssprachlich geläufig. Gemeint ist hiermit oftmals die Innenstadt oder das Stadtzentrum. Im Allgemeinen sind deutsche Städte historisch gewachsen und der heutige Innenstadtbereich war in den Anfangsjahren deutscher Städte das eigentliche Kerngebiet der Stadt, welches innerhalb der Stadtmauern lag und daher einen geschützten Ort zum Handeln bot. Im Zuge der weiteren Entwicklung – insbesondere der Industrialisierung und dem einhergehenden Bevölkerungswachstum – stieg das Flächenwachstum der Städte sowie die (Um-)Verteilung der städtischen Bewohner. Hierdurch wurde die Innenstadt zu einem Stadtteil mit besonderen Funktionen (Paesler 2008). Dabei können innerstädtische Handelsimmobilien als Terrarium des Marktes angesehen werden und die gesamte Innenstadt dient als Ort der direkten Zusammenkunft von Angebot und Nachfrage.

Auch gegenwärtig nimmt die Innenstadt viele wichtige Funktionen wahr und trägt eindeutig zum Gesamtbild der Stadt bei. Wie das Bundesministerium für Verkehr, Bau und Stadtentwicklung (BMVBS 2010) vorgibt, dient die Innenstadt als Wohnort für unterschiedliche soziale Gruppen, als Handelsplatz, als Arbeitsplatz, als Anziehungspunkt für Touristen, als Verwaltungssitz und als Standort für kulturelle bzw. soziale Angebote und Einrichtungen.

Diese funktionale Mischung grenzt die Innenstadt eindeutig von anderen Bereichen der Stadt ab. Zur Förderung der Attraktivität einer Innenstadt ist es daher wichtig, dass dieser funktionalen Vielfalt Rechnung getragen wird. Hier ist der lokal ansässige Einzelhandel in einer Vorreiterrolle, da die Einzelhandelsentwicklung die Entwicklung anderer Aspekte, wie z.B. die allgemeine Attraktivität der Innenstadt, beeinflusst (BMVBS 2011a: 18). Ein attraktiver Einzelhandel ist als Zeichen einer prosperierenden Stadt zu verstehen, während z.B. Trading-Down-Prozesse, wie Leerstände oder heruntergekommene Läden (Billigshops etc.) ein negatives Stadtbild vermitteln (Sperle 2012). Eine Handelsimmobilie beeinflusst dabei die Attraktivität der Innenstadt auf zwei Wegen: Zum einen ist die Fassadengestaltung sowie der allgemeine Zustand der Immobilie für das Erscheinungsbild der Innenstadt ausschlaggebend, zum anderen sind die Eigenschaften der Ladenlokale für potentielle Mieter von großer Bedeutung. Daher sind Ladenlokale in den Top-Lagen der Innenstädte begehrt und steigende Mietpreise zu beobachten, während in den Nebenlagen zumeist eine gegenteilige Entwicklung zu verzeichnen ist. Dort stehen Ladenlokale leer und es kann trotz niedriger Mietpreise keine Nutzung gefunden werden (Dichtl 2013). Die Dynamiken auf dem Markt für Einzelhandelsimmobilien haben somit erheblichen Einfluss auf die allgemeine Stadtentwicklung und auf die Entwicklung sowie Attraktivität der Innenstädte, wie Pütz (2001: 211) analysiert.

Aus diesem Grund ist es das Ziel vorliegender Arbeit aufzuzeigen, welchen Einfluss die Eigentümer von Handelsimmobilien auf die Attraktivität der Innenstadt besitzen. Ausgangspunkt ist hierzu die Bedeutung der Immobilie für die Attraktivität der Innenstadt, wobei im Rahmen der Arbeit zwischen dem direkten und dem indirekten Einfluss der Immobilie unterschieden werden soll. Hier rückt der Immobilieneigentümer in den Fokus, da dieser für den Zustand sowie die Entwicklung seiner Immobilie verantwortlich ist und somit Einfluss auf die Attraktivität der Innenstadt und deren zukünftigen Trend ausübt. Der Theorie des Urbanen Regimes folgend, ist die Grundannahme der Arbeit, dass Immobilieneigentümer als private Akteure in lokale Urbane Regime eingebunden sind und mit Partnern aus Verwaltung und Politik sowie anderen privaten und öffentlichen Immobilieneigentümern interagieren.

Zur besseren Untersuchung gliedert sich die Arbeit in sechs Kapitel: Nach den einleitenden Worten (1. Kapitel) wird im zweiten Kapitel die Theorie der Urbanen Regime vorgestellt. Mit Hilfe dieser Theorie sollen Steuerungssysteme auf kommunaler Ebene abgebildet und analysiert werden, sodass Veränderungsprozesse erklärt werden können. Im dritten Kapitel wird der Immobilienmarkt in Deutschland vorgestellt. Hierbei werden zuerst die verschiedenen Immobilientypen differenziert (Kapitel 3.1) um daran anschließend in Kapitel 3.2 auf den besonderen Wert der (innerstädtischen) Handelsimmobilie als Anlageobjekt einzugehen. Neben der Betrachtung der Immobilien ist zur ganzheitlichen Analyse der Bedeutung von Einzelhandelsimmobilien auch die Betrachtung des Einzelhandels notwendig, die im vierten Kapitel erfolgt. Zuerst wird sich mit dem Stellenwert des innerstädtischen Einzelhandels (Kapitel 4.1) beschäftigt und im weiteren Verlauf auf die Entwicklungen im (innerstädtischen) Einzelhandel (Kapitel 4.2) eingegangen. In Kapitel 5 wird der Einfluss der Immobilie auf die Attraktivität der Innenstadt analysiert, wobei in Kapitel 5.1 zuerst der direkte Einfluss und in Kapitel 5.2 der indirekte Einfluss der Immobilie beleuchtet wird. Kapitel 5.3 widmet sich anschließend den Ansprüchen der Einzelhändler an die Immobilie. Zum Schluss folgen in Kapitel 6 ein Fazit sowie ein Ausblick, die eine kritische Beurteilung der Ergebnisse ermöglichen und die Arbeit abschließen.

2. Theorie der Urbanen Regime

Vor allem in der amerikanischen Forschung ist die Theorie der Urbanen Regime ein verbreiteter Ansatz. Mit Hilfe dieser Theorie können Steuerungssysteme auf kommunaler Ebene abgebildet und analysiert werden, um so Veränderungsprozesse zu erklären. Bahn et al. (2003: 3) beschreiben die Theorie als ein Konzept mit dem *„Prozesse und Strukturen der Kooperation von öffentlichen und privaten Akteuren im städtischen Raum und deren Fähigkeit,*

Zugang zu institutionellen Ressourcen zu finden" analysiert werden können. Hierbei steht im Vordergrund, dass einzelne Akteure längerfristig kaum dazu in der Lage sind, Veränderungen einzuleiten und ohne jeglichen institutionellen Kontakt keine politischen Entscheidungen beeinflussen können (Stone 2005: 326). Daraus ergibt sich zwangsläufig die Erforderlichkeit einer Zusammenarbeit zwischen lokaler Verwaltung und Politik mit den privaten Akteuren. Wie Mossberger (2009: 41) dazu anmerkt, geben Politik und Verwaltung den rechtlichen Rahmen vor, innerhalb dessen die privaten Akteure im Zuge einer freien Marktwirtschaft zur Generierung von Wohlstand beitragen.

Insgesamt lässt die Theorie der Urbanen Regime auch zu, die Prozesse im alltäglichen Städtebau bzw. der Stadtbauplanung zu verstehen. So reduziert Stone (2005) die Rolle der Politik und Verwaltung in ihrer Möglichkeit, Projekte bzw. Entwicklungen umzusetzen; stattdessen sieht er die erfolgreiche Umsetzung vor allem in stabilen Kooperationen begründet. Entscheidend ist hierbei die Verbindung zwischen „power" und „purpose" (Stone 2005: 324). Dass private Akteure im Rahmen der Regime kooperieren, hängt davon ab, was diese in die Kooperation einbringen können (Stone 2005). Bahn et al. (2003: 4) zählen hierzu insbesondere Fachwissen und Fachkenntnisse sowie materielle Ressourcen. Aufgrund dessen sind neben privaten Akteuren in der Regel auch Banken und lokale Infrastrukturunternehmen in diesen Regimen vertreten (Bahn et al. 2003).

Die aktive Partizipation durch Partner in Verwaltung und Politik ist dabei ausschlaggebend für kontext- bzw. projektbezogenes Arbeiten; im besten Fall entstehen auf diese Weise langfristige Kooperationen, die sich durch Beständigkeit des Urbanen Regimes auszeichnen und insgesamt von größerer Bedeutung sind als die unmittelbaren Vorteile für die einzelnen Akteure (Stoker 1995: 59). Die unterschiedlichen Charakteristika dieser Zusammenarbeit können sich dabei aufgrund verschiedener Ziele und/oder Rahmenbedingungen unterscheiden und bedürfen einer gesonderten Analyse (Mossberger & Stoker 2001: 829), die letztlich eine Typisierung von Urbanen Regimen zulässt.

Eine genaue Betrachtung der verschiedenen Typologien ist im Rahmen dieser Arbeit nicht möglich, eine gute Übersicht ist jedoch bei Bahn et al. (2003) zu finden.

Für Franz (2000), der die Theorie der Urbanen Regime auf deutsche Städte überträgt, gibt es in Deutschland drei Regimetypen: das „maintenance regime", die „local alliances" und das „globalization regime". Ersteres zeichnet sich dadurch aus, dass die Akteure nur lose mit der Verwaltung kooperieren und lediglich versucht wird den Status Quo aufrechtzuhalten. Es besteht kein direkter Zugang zur Politik (Franz 2000: 140). Der zweite Regimetyp zeichnet sich durch Allianzen zwischen lokalen Firmen, Handelskammern, Politikern und weiteren Akteuren aus, die ein enges Netzwerk mit regem Austausch bilden. Die Vergrößerung des lokalen Wohlstands steht im Vordergrund (Franz 2000: 140). Letzteres Regime ist durch vor Ort investierende, jedoch keine lokale Bindung besitzende Akteure geprägt. Oftmals werden sie jedoch von lokalen Akteuren unterstützt und/oder bilden mit politischen Entscheidungsträgern Public-Private-Partnerships (Franz 2000: 141).

Die zuvor genannten Akteure sind in nahezu jeder deutschen Stadt zu finden, auch wenn die Ausbildung von Urbanen Regimen sehr unterschiedlich ausfallen und deren Auswirkungen differieren können. Entscheidend ist die Konstellation der Akteure vor Ort. Nichtsdestotrotz können selbstverständlich auch Städte ohne Urbane Regime zu finden sein; sofern die Lokalpolitik alleine agieren kann oder sich gar keine Entwicklungsperspektiven aufzeigen, kann die Bildung von Urbanen Regimen ausbleiben (Franz 2000: 141).

Alles in allem kann die Ausbildung eines lokalen Regimes sehr positive Effekte für die Stadtentwicklung haben und zu einer prosperierenden Stadt beitragen. Franz (2000: 144) sieht vor allem die „local alliance" mit starken Partnern aus Politik und Verwaltung sowie der Wirtschaft als geeignetste Form des Urbanen Regimes. Allerdings kann es zum Teil sehr lange dauern bis ein funktionierendes Regime aufgebaut wurde; während der Entstehungsphase kann eher von Akteurs- bzw. Interessengruppen gesprochen werden. Erst durch langfristige Kooperationen können Urbane Regime entstehen.

Kritisch ist zu sehen, dass externe Einflüsse oder dynamische Perspektiven nahezu vollständig ausgeblendet werden. Für die vorliegende Arbeit schafft die Theorie der Urbanen Regime trotzdem eine theoretische Grundlage, da sie besonders im Bereich der Einzelhandelsentwicklung Aufschluss über die Kooperationen von öffentlichen und privaten Akteuren bieten kann. Insbesondere da diese Arbeit die Immobilieneigentümer von Einzelhandelsimmobilien untersucht, wird die Theorie der Urbanen Regime als nützlich angesehen, da hierdurch die einzelnen Akteure stärker in den Fokus gerückt werden.

3. Immobilienmarkt in Deutschland

Beim deutschen Immobilienmarkt kann nicht von einem einzigen Markt geredet werden, sondern der deutsche Immobilienbereich ist von vielen regionalen Märkten geprägt, die zum Teil stark in ihren Strukturen und Entwicklungen divergieren. Im Folgenden wird daher versucht eine möglichst allgemeine Beschreibung vorzunehmen.

Allgemein ist Deutschlands Immobilienmarkt durch eine hochkonjunkturelle Phase geprägt. Die Hochkonjunktur resultiert aus der allgemeinen positiven volkswirtschaftlichen Dynamik, die wiederum als wichtigster Faktor für die Flächennachfrage anzusehen ist (Bone-Winkel et al. 2008: 22).

Insgesamt kann festgehalten werden, dass die im Rahmen dieser Arbeit untersuchten Gewerbeimmobilien stärkeren zyklischen Schwankungen unterliegen als Wohnimmobilien. Nichtsdestotrotz hat sich der deutsche Gewerbeimmobilienmarkt seit 2010 positiv entwickelt. So erreichte der bundesweite Investmentumsatz mit Einzelhandelsimmobilien nach Angaben von BNP Paribas (2015: 11) für das Jahr 2014 ein Volumen von 9,3 Mrd. € und ist somit gegenüber dem Vorjahr um circa 5 Prozent gewachsen (vgl. Abb. 1). Dies bedeutet das zweitbeste Transaktionsvolumen der letzten sieben Jahre.

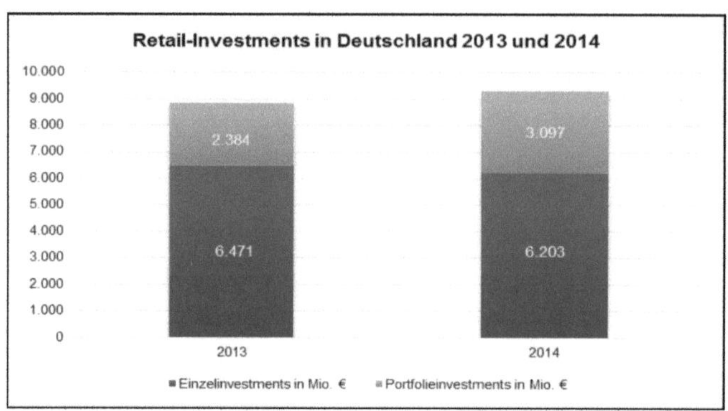

Abbildung 1: Retail-Investments in Deutschland 2013 und 2014 (eigene Darstellung nach BNP Paribas: 11)

Hierfür verantwortlich sind das stabile gesamtwirtschaftliche Umfeld, der gesunde Arbeitsmarkt und das starke Verbrauchervertrauen. Diese Faktoren bilden ein solides Fundament für eine weiterhin positive Entwicklung des deutschen Einzelhandels, was wiederum in einer konstanten Flächennachfrage nach Handelsimmobilien resultiert.

Da in vorliegender Arbeit der Einfluss der Eigentümer von Handelsimmobilien auf die Attraktivität einer Innenstadt untersucht wird, werden nach einem allgemeinen Überblick über den deutschen Immobilienmarkt nun grundlegende Differenzierungen zwischen den einzelnen Immobilientypen vorgenommen, die zum besseren Verständnis als notwendig erachtet werden. Im zweiten Teil dieses Kapitels wird dann genauer betrachtet, inwiefern (innerstädtische) Handelsimmobilien als Anlageobjekt interessant sind.

3.1 Differenzierung nach Immobilientypen

Zur genauen Differenzierung von Immobilientypen muss im ersten Schritt eine Definition der Immobilie erfolgen, sodass anhand dieser Definition später eine Unterscheidung möglich ist. Da für den Begriff Immobilie in vielen Wissenschaftsdisziplinen unterschiedliche Definitionen bestehen, die allesamt unterschiedliche rechtliche und wirtschaftliche Aspekte in den Fokus stellen, wird im Rahmen dieser Arbeit eine relativ allgemeingültige Definition von Borne-Winkel et al. (2008) verwendet. Bone-Winkel et al. (2008: 16) definieren Immobilien hierbei als

„Wirtschaftsgüter, die aus unbebauten Grundstücken oder bebauten Grundstücken mit dazugehörigen Gebäuden und Außenanlagen bestehen. Sie werden von Menschen im Rahmen physisch-technischer, rechtlicher, wirtschaftlicher und zeitlicher Grenzen für Produktions-, Handels-, Dienstleistungs- und Konsumzwecke genutzt." Aus dieser Definition lässt sich ableiten, dass Immobilien langlebige Wirtschaftsgüter sind, die ihren Standort unter normalen Bedingungen nicht verändern können. Entscheidend für den Wert einer Immobilie sind daher vor allem ihr Standort und ihre Nutzungsmöglichkeiten (Bone-Winkel et al. 2008: 17f.). Durch diese Aspekte ist auch eine Differenzierung nach Immobilientypen möglich: So unterscheiden Gondring (2004: 35) und Walzel (2008: 120) zwischen Wohn-, Gewerbe-, Industrie- und Sonderimmobilien. Wie in Abbildung 2 zu sehen, werden die in dieser Arbeit untersuchten Handelsimmobilien neben Gewerbeparks, Büroimmobilien und Logistikimmobilien den Gewerbeimmobilien zugeordnet.

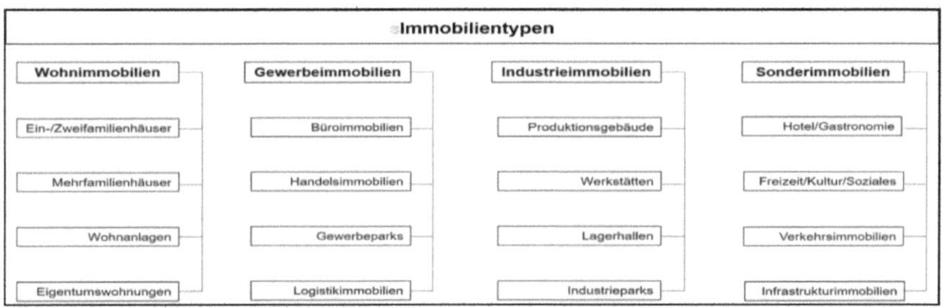

Abbildung 2: Differenzierung nach Immobilientypen (eigene Darstellung nach Walzel 2008: 120)

Weiterhin ist eine Differenzierung zwischen den verschiedenen Typen von Handelsimmobilien möglich, die sich insbesondere hinsichtlich der Verkaufsfläche und der Architektur treffen lässt. Die unterschiedlichen Typen von Handelsimmobilien sind in Abbildung 3 dargestellt und umfassen für die in dieser Arbeit untersuchten innerstädtischen Handelsimmobilien vor allem Supermärkte, Galerien/Passagen, Fachgeschäfte, Innerstädtische Shopping Center und Waren- sowie Kaufhäuser.

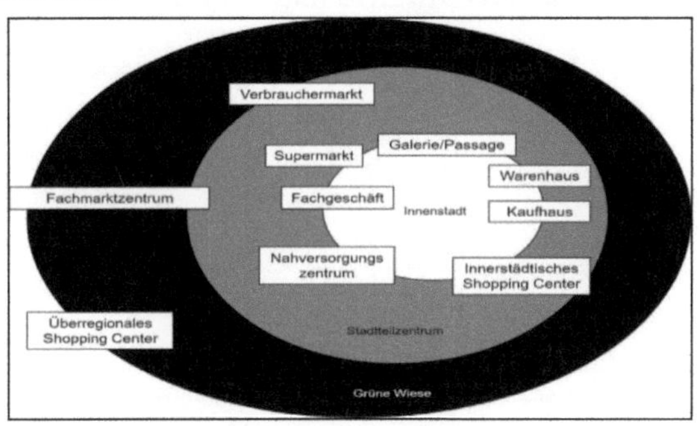

Abbildung 3: Differenzierung von Handelsimmobilien (eigene Darstellung in Anlehnung an Walzel 2008: 128)

Im Allgemeinen lässt sich aus Abbildung 3 ableiten, dass die innerstädtischen Handelsimmobilien in der Regel eher durch kleinere und mittelgroße Verkaufsflächen charakterisiert sind. Börschig & Sturmfels (2010: 59) verallgemeinern zudem für innerstädtische Handelsimmobilien, dass in den unteren Geschossen vornehmlich Handels- bzw. Gastronomie- und in oberen Geschossen Büro- oder Wohnnutzungen zu finden sind. Generell sind die Ladenlokale mit kleineren und mittelgroßen Verkaufsflächen von lokalen und filialisierten Fachgeschäften geprägt, während großflächige Ladenlokale eher in Kaufhäusern zu finden sind. Diese werden oftmals von Unternehmen der Bekleidungs- und Sportindustrie nachgefragt. Im Allgemeinen lassen sich diese Beobachtungen für die Innenstädte von nahezu jeder deutschen Mittel- und Großstadt aufstellen (Börschig & Sturmfels 2010).

3.2 (Innerstädtische) Handelsimmobilien als Anlageobjekt

Nachdem im ersten Teil des Kapitels die unterschiedlichen Immobilientypen vorgestellt und bereits einleitend allgemeine Fakten über den deutschen Immobilienmarkt genannt wurden, wird nun genauer auf das Potential von Handelsimmobilien als Anlageobjekt eingegangen.

Das bereits genannte Transaktionsvolumen für das Jahr 2014 in Höhe von 9,3 Mrd. € (BNP Paribas 2015: 11), spiegelt sehr gut das große Interesse von internationalen wie auch nationalen Investoren wider. Sogenannte Retail-Assets sind weiterhin eine sehr beliebte Investitionsmöglichkeit, insbesondere vor dem Hintergrund der anhaltenden Flächennachfrage und Expansionsbestrebungen vieler Einzelhandelsunternehmen. Hierauf wird in Kapitel 4.2 genauer eingegangen, sodass diese Aspekte an dieser Stelle nicht vertiefend betrachtet werden, dennoch zur Erklärung der großen Beliebtheit von Handelsimmobilien als Anlageobjekt an dieser Stelle bereits erwähnt werden.

Differenziert man nun das gesamte Transaktionsvolumen nach Objektarten, ergibt sich folgendes Bild für das Jahr 2014 (vgl. Abb. 4):

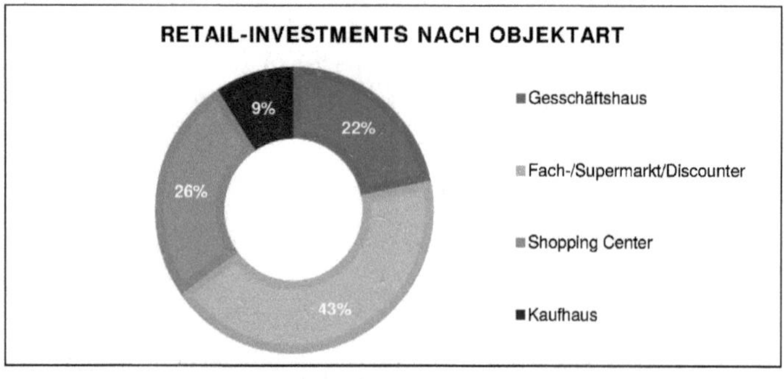

Abbildung 4: Retail-Investments nach Objektart (eigene Darstellung nach BNP Paribas 2015: 11)

An der Spitze aller Investitionen liegen Fach- und Supermärkte, die auf ein Transaktionsvolumen von gut 4 Mrd. € kommen und damit einen prozentualen Anteil von 43 Prozent innehaben (BNP Paribas 2015: 11). Auf Platz zwei folgen Shopping Center mit etwa 26 Prozent, wobei zu erwähnen ist, dass die Nachfrage in diesem Segment höher ist, jedoch vom verfügbaren Angebot nicht gedeckt werden kann. Bei innerstädtischen Geschäftshäusern erlebt man ein ähnliches Bild. Der Anteil von fast 22 Prozent des Gesamtvolumens deckt nicht die eigentlich vorhandene Nachfrage, insbesondere nach Geschäftshäusern in sehr zentralen Lagen; das Anlegerinteresse liegt wesentlich höher. Kaufhäuser stellen immerhin noch 9 Prozent des Gesamtvolumens (BNP Paribas 2015: 11).

Als Investoren traten 2014 viele unterschiedliche Investorentypen auf, was die breite Nachfragebasis und das damit einhergehende hohe Nachfragepotential unterstreicht. Wie Abbildung 5 zeigt, entfielen fast ein Fünftel aller getätigten Investitionen auf Spezialfonds. Besonders auffällig ist jedoch, dass private Anleger mit gut 12 Prozent auf dem dritten Platz liegen und damit im Vergleich zu den Vorjahren deutlich an Anteil gewonnen haben (BNP Paribas 2015: 13). Größere Anteile besitzen neben Equity/Real Estate Funds (etwa 9 Prozent) darüber hinaus Corporates, Versicherungen und Investment/Asset Manager (alle rund 7,5 Prozent) sowie Projektentwickler, die circa 7 Prozent zum Transaktionsvolumen beigetragen haben (vgl. Abb. 5).

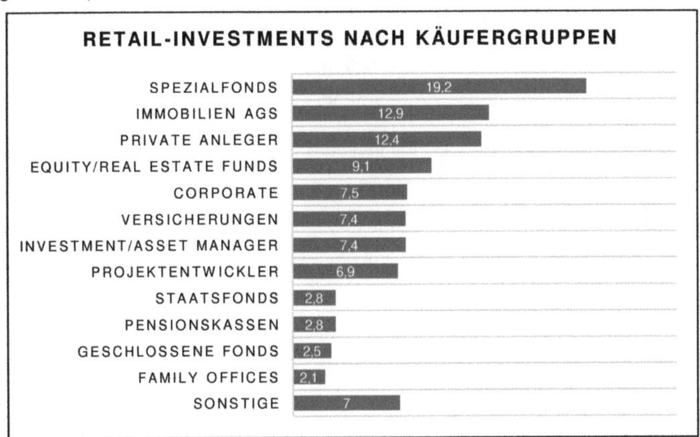

Abbildung 5: Retail-Investments nach Käufergruppen [in Prozent] (eigene Darstellung nach BNP Paribas 2015: 12)

Der Großteil der Investoren stammt nach Angaben von BNP Paribas (2015: 13) aus Deutschland. Der prozentuale Anteil deutscher Investoren liegt bei circa 60 Prozent, während die zweite große Gruppe an Investoren aus dem europäischen Ausland kommt (29 Prozent). Etwa 10 Prozent der Investitionen stammen aus Nordamerika.

Ferner ist die Betrachtung der Spitzenrenditen nach Immobilientypen interessant, da hierdurch ebenfalls das hohe Potential von (innerstädtischen) Handelsimmobilien als Anlageobjekt deutlich wird. In Abbildung 6 sind die Entwicklungen der Netto-Spitzenrenditen der Jahre 2005 bis 2014 abgebildet.

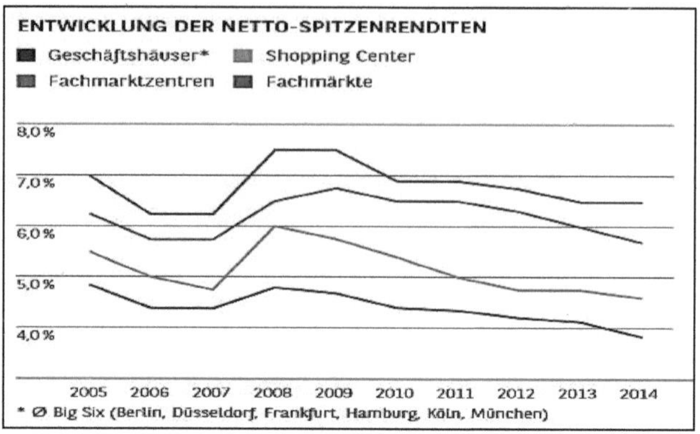

Abbildung 6: Entwicklung der Netto-Spitzenrenditen (BNP Paribas 2015: 13)

Die niedrigsten Renditen sind bei den Geschäftshäusern zu verzeichnen; insgesamt ist für diese Objektart ein Negativtrend zu diagnostizieren. Verantwortlich hierfür sind sowohl das ausgesprochen geringe Angebot, als auch das sehr große Interesse (BNP Paribas 2015: 13). Auch die Renditen für Shopping Center haben in 2014 weiter nachgegeben und liegen nur noch auf einem Niveau von 4,6 Prozent (vgl. Abb. 6). Ebenso sind die Renditen der Fachmarktzentren im Allgemeinen rückgängig und liegen nun bei einem Niveau von 5,7 Prozent. Fachmärte hingegen bleiben konstant bei einem Renditewert von 6,5 Prozent.

Alles in allem stellt Deutschland einen für Investoren sehr interessanten Standort für Asset-Investitionen in Handelsimmobilien dar. Die Renditen sind auf einem konstanten Niveau und die stabile Arbeitsmarktsituation sowie die generell positive volkswirtschaftliche Dynamik Deutschlands lassen zudem einen weiteren ökonomischen Aufwärtstrend prognostizieren, der in weiterer Flächennachfrage resultiert.

4. Einzelhandel in Deutschland

Neben der Betrachtung des deutschen Immobilienmarktes ist auch die allgemeine Situation im deutschen Einzelhandel von entscheidender Bedeutung für vorliegende Arbeit, da Einzelhändler die wichtigsten Nachfrager für (innerstädtische) Ladenlokale sind. Daher soll eine Betrachtung des Einzelhandels nun in Kapitel 4 erfolgen.

Betrachtet man die Entwicklung der Konsumausgaben privater Haushalte Deutschlands, die einen gewichtigen Einfluss auf die Umsätze im Einzelhandel haben, fällt auf, dass diese im Zeitraum 2010 bis 2015 vergleichsweise gering gestiegen sind (vgl. Abb. 7).

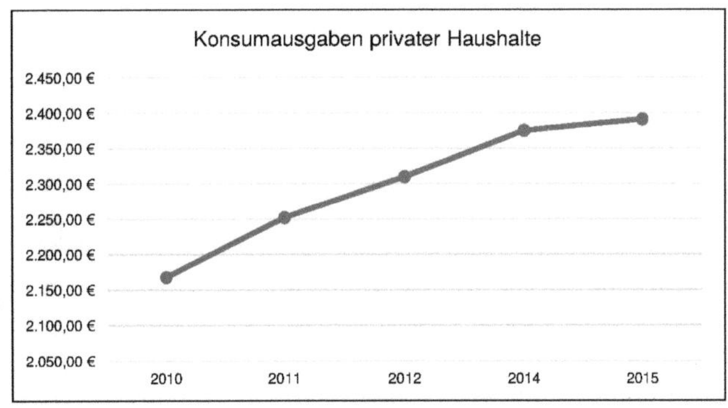

Abbildung 7: Konsumausgaben privater Haushalte pro Jahr (eigene Darstellung nach Statistisches Bundesamt 2017: o.S.)[1]

Nichtsdestotrotz ist im Einzelhandel nach Umsatzeinbußen während der Finanzkrise mittlerweile wieder ein leichter Aufwärtstrend zu erkennen, was Daten des Statistischen Bundesamtes bzw. des Handelsverband Deutschlands (2016a: o.S.) belegen. Dies erklärt auch die nach wie vor ungebrochen hohe Flächennachfrage, die bereits in Kapitel 3 thematisiert wurde. Belegt wird dies auch durch Veröffentlichungen des Hauptverbands des deutschen Einzelhandels (2016b: o.S.) bzgl. der zeitlichen Entwicklung der Verkaufsflächen im Einzelhandel, die in Abbildung 8 zu sehen ist. Die durchschnittliche Verkaufsfläche eines Ladenlokals bzw. eines innerstädtischen Geschäfts ist in den letzten Jahren weiterhin gestiegen.

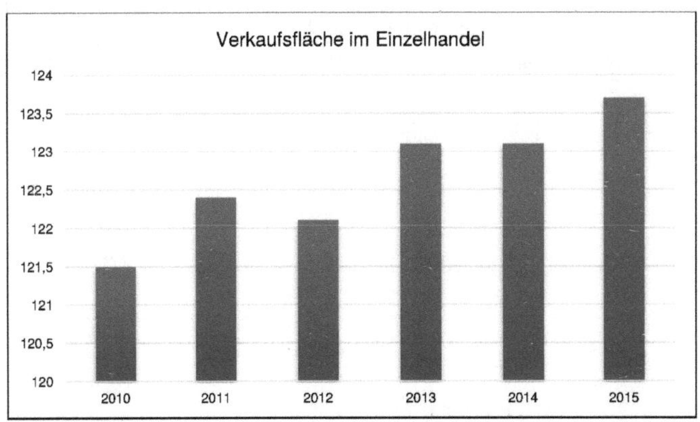

Abbildung 8: Verkaufsfläche im Einzelhandel in Mio. Quadratmeter (eigene Darstellung nach HDE 2016: o.S.)

Nachdem nun einleitend grundlegende Fakten zum Einzelhandel genannt wurden, wird sich in Kapitel 3.1 dem Stellenwert des innerstädtischen Einzelhandels gewidmet um daran

---

[1] 2013 fand keine Erhebung statt

anschließend gesondert auf gegenwärtige Trends im (innerstädtischen) Einzelhandel einzugehen (Kapitel 3.2).

4.1 Stellenwert des innerstädtischen Einzelhandels

Innenstädte als Zentren deutscher Städte sind geprägt vom Einzelhandel. Dieser ist mit seiner Versorgungsfunktion wichtigstes Kernelement lebendiger und attraktiver Innenstädte (Börschig & Sturmfels 2010; Wieland 2015).

Um den Stellenwert des innerstädtischen Einzelhandels aufzuzeigen, ist ein Blick auf die Nachfrage nach Verkaufsflächen und die damit verbundene Entwicklung der Mietpreise sicherlich aufschlussreich. Wie in Kapitel 3 erwähnt, ist das Nachfrageniveau nach Ladenlokalen in den Innenstädten ungebrochen hoch und übersteigt das Angebot deutlich. Die Folge sind steigende Mietpreise und eine damit einhergehende wachsende Konkurrenz zwischen den jeweiligen Einzelhändlern sowie den einzelnen Standorten innerhalb der Innenstädte (BNP Paribas 2015). In der Literatur wird überdies auch die voranschreitende Ansiedlung innerstädtischer Shopping Center mit all ihren positiven wie auch negativen Begleiterscheinungen ausgiebig diskutiert (z.B. Lademann 2011).

Im Allgemeinen sind durch die hohe Nachfrage auch die Mietpreise in den letzten Jahren relativ stark gestiegen (vgl. Abb. 9). Den höchsten Anstieg verzeichnen dabei die Spitzenmieten in den 1a-Lagen (A-Städte), während sich die Durchschnittsmieten der 1a-Lagen in Deutschland in den letzten 20 Jahren generell eher konstant und wenig volatil entwickelten.

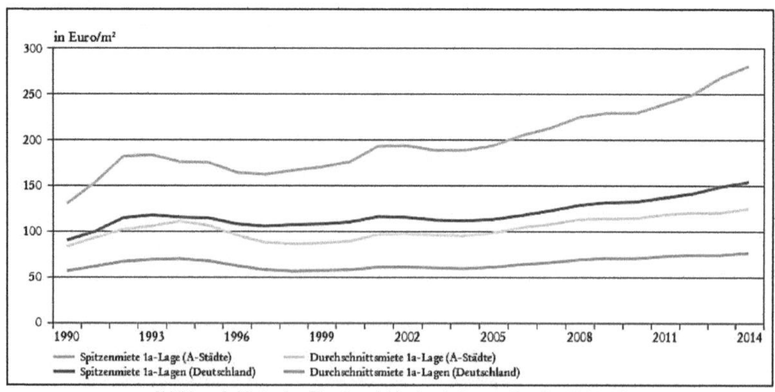

Abbildung 9: Mietpreise Einzelhandel in den 1a-Lagen (Comfort 2015: 10)

Die innerhalb Deutschlands höchsten Mieten im Einzelhandel werden mit 320 Euro pro Quadratmeter in München gezahlt (HDE 2015: o.S.). Demzufolge kann die

11

Mietpreisentwicklung im deutschen Einzelhandel eher als heterogen eingestuft werden und ist sowohl von der Stadt im Generellen als auch dem Standort innerhalb der Stadt abhängig. Entscheidend ist, ob es sich um einen starken oder einen schwachen Standort – bzgl. der Größe und Funktion (Metropolen/Großstädten, Klein- und Mittelstädte) und der Lage im Raum (verstädterter Raum, ländlicher Raum) – handelt.

Weiterhin hat auch das veränderte Konsumverhalten einen großen Einfluss auf den Stellenwert des innerstädtischen Einzelhandels (z.B. Heinritz et al. 2003; Wieland 2015; Stepper 2016). Die Versorgung mit Gütern des täglichen Bedarfs erfolgt zumeist an gut erreichbaren Standorten, an die kein allzu großer Anspruch seitens der Konsumenten gestellt wird. Der Konsum von mittel- und langfristigen Gütern hingegen wird zunehmend als Erlebniseinkauf wahrgenommen. Dies führt dazu, dass sich *„der Konsum [...] vom Bedarf emanzipiert [hat]“* (Schröder 1999: 60) und steigert vor allem die Attraktivität von innerstädtischen Shopping Centern als bevorzugten Einkaufsstandort.

Eine weitere, aktuelle Entwicklung, die enormen Einfluss auf den Stellenwert des innerstädtischen Einzelhandels hat und zukünftig haben wird, ist der gegenwärtig aufkommende E-Commerce, der neben anderen Trends in Kapitel 4.2 behandelt wird.

4.2 Trends im (innerstädtischen) Einzelhandel

Das allseits gebräuchliche Sprichwort ‚Handel ist Wandel‘ beschreibt sehr gut, dass es sich beim Einzelhandel um eine sehr schnelllebige Branche handelt. Diese mehr oder weniger langlebigen Veränderungen und Trends haben daher einen erheblichen Einfluss auf die Handelsimmobilien.

Eine der zurzeit aktuellsten Entwicklungen im Einzelhandel ist das Aufkommen des Electronic Commerce (E-Commerce). Dies hat trotz seines nicht offensichtlichen Zusammenhangs mit dem stationären Einzelhandel – es werden beim E-Commerce keine Ladenlokale benötigt – dennoch gewisse Wechselwirkungen hervorgerufen. So werden vor allem nicht besonders beratungsintensive Produkte wie Bücher, CDs oder DVDs gerne online nachgefragt und hierfür immer weniger der stationäre Einzelhandel aufgesucht. Hierdurch verringert sich die Nachfrage dieser Anbieter nach Verkaufsfläche bzw. Ladenlokalen (Wotruba 2012). Um mit dieser Entwicklung Schritt zu halten, haben mittlerweile auch immer mehr Einzelhändler den E-Commerce für sich entdeckt und nutzen diesen als ergänzenden Vertriebsweg (Stepper 2016). Ebenso ist auch die umgekehrte Entwicklung zu verzeichnen, indem ehemals reine Online-Händler durch eigene Filialen in den stationären Einzelhandel einsteigen. Demzufolge bietet der E-Commerce neue Chancen für Einzelhändler. Im Großen und Ganzen kann daher resümiert werden, dass insbesondere die 1a-Lagen des innerstädtischen Einzelhandels nicht negativ von den Auswirkungen des E-Commerce beeinträchtigt werden (HDE 2015: o.S.). In Zukunft werden sich dennoch die Anforderungen an Ladenlokale sowie deren allgemeines Erscheinungsbild verändern.

Ein weiterer Trend der Gegenwart ist die voranschreitende Internationalisierung und Filialisierung des deutschen Einzelhandels. Vor allem Einzelhandelsunternehmen aus dem europäischen Ausland und aus Nordamerika sind diesbezüglich prägend (BNP Paribas 2015: 13). Folge dieser Filialisierung deutscher Innenstädte ist, dass Innenstädte und Einkaufszentren durch das uniforme Einzelhandelsangebot zunehmend austauschbar wirken (Ehrmann 2007: 84f.). Dies könnte zwar negativ ausgelegt werden, jedoch ist es auch gleichzeitig die Bekanntheit der Filialisten, die als Pullfaktor für Konsumenten dienen und diese in die Innenstadt ziehen. Resultat ist letztlich eine gesteigerte Attraktivität der Innenstadt.
Die großen Filialisten haben allerdings auch eine Reihe von Anforderungen an einen potentiellen Standort, was wiederum zu veränderten Ansprüchen an die Ladenlokale führt.

Neben dem E-Commerce und der Filialisierung bzw. Internationalisierung ergeben sich Veränderungen im deutschen Einzelhandel, die durch den allgemeinen Betriebsformenwandel hervorgerufen werden. Hierbei ist vor allem die bereits erwähnte Nachfrage nach größeren Ladenlokalen zu nennen, die zu veränderten Anforderungen an Handelsimmobilien führt.

Alles in allem kann anhand der oben beschriebenen Trends im innerstädtischen Einzelhandel resümiert werden, dass die Ansprüche der Einzelhändler gestiegen sind und sich sowohl die Vertriebswege als auch die Betriebsformen verändert haben. Dies führt auch in den Ansprüchen an Handelsimmobilien zu enormen Veränderungen.

5. Einfluss von Immobilien auf die Attraktivität der Innenstadt

Einzelhandelsimmobilien haben durch ihre Präsenz in den Hauptgeschäftsstraßen einer jeden Innenstadt einen starken Einfluss auf die allgemeine Attraktivität der Innenstadt und dadurch auch erheblichen Einfluss auf die allgemeine Stadtteil- und Stadtentwicklung.

Der Einfluss kann hierbei in einen direkten und einen indirekten Einfluss untergliedert werden. Die Attraktivität einer Innenstadt wiederum resultiert zum einen aus ihrer rationalen, objektiven Einschätzung anhand ökonomischer, sozialer und kultureller Angebote sowie zum anderen aus der subjektiven Wahrnehmung eines jeden Besuchers (Kirchberg & Behn 1988: 358f.). Einzelhandelsimmobilien wirken im Zuge dessen – indirekt durch den jeweiligen Mieter/Einzelhändler – sowohl auf die objektiven Aspekte als auch – direkt durch Außengestaltung und Gebäudezustand – auf die subjektive Wahrnehmung. Auf beide

Einflussarten soll im folgenden Teil (Kapitel 5.1 & Kapitel 5.2) gesondert eingegangen werden, um daran anschließend die Ansprüche der Einzelhändler an die Immobilie darzulegen (Kapitel 5.3).

5.1 Direkter Einfluss von Immobilien

Wie einleitend erwähnt, prägen Immobilien durch ihre Fassadengestaltung und ihr allgemeines Erscheinungsbild die Einkaufsstraßen der Innenstädte und tragen zur Attraktivität sowie zur Aufenthaltsqualität bei.

Darüber hinaus ist eine allgemeine Sauberkeit der Einkaufsstraßen, die mit Sitzgelegenheiten, Grünanlagen und Beleuchtung bei Dunkelheit ausgestattet sind, für eine längere Verweildauer der Konsumenten von Vorteil. All diese Faktoren beeinflussen auf direkte Weise das Wohlbefinden eines jeden Passanten. So fassen auch Kirchberg & Behn (1988: 366) die Bebauung als einen Aspekt des City-Erlebnisses auf, der seitens der zuständigen Stadtverwaltung sowie der Eigentümer der Einzelhandelsimmobilien nicht zu vernachlässigen ist. Genauso wie ungepflegte Fassaden und uneinheitliche Außengestaltungen der Handelsimmobilien das Wohlbefinden und damit die Verweildauer der Passanten mindern, senkt auch ein unsicher wirkender öffentlicher Raum die Attraktivität der Einkaufsstraßen (Wieland 2015). Neue Eigentümer bzw. Mieter der Einzelhandelsimmobilien werden daher oftmals seitens der Stadtverwaltung dazu aufgefordert, zu einem einheitlichen Erscheinungsbild der Einkaufsstraßen beizutragen und sich einer einheitlichen Fassadengestaltung größtenteils anzupassen (BMVBS 2011b: 28). Hierdurch wird die Attraktivität der Innenstädte gesteigert und es profitieren alle Einzelhändler. Insbesondere eine stabile Kooperation zwischen den Einzelhändlern untereinander sowie zwischen den Einzelhändlern und den Partnern aus Politik und Verwaltung ist zweckdienlich. Mossberger (2009: 41) spricht daher davon, dass Politik und Verwaltung den rechtlichen Rahmen vorgeben, innerhalb dessen die privaten Akteure am freien Markt agieren. Die Eigentümer von Einzelhandelsimmobilien spielen neben der Stadtverwaltung demnach eine entscheidende Rolle für die Etablierung einer geeigneten Aufenthaltsqualität in den Einkaufsstraßen deutscher Innenstädte.

5.2 Indirekter Einfluss von Immobilien

Der indirekte Einfluss einer Immobilie auf die Attraktivität einer Innenstadt ist immer auch mit dem Umfang und der Qualität des Angebots – in diesem Fall des jeweils ansässigen Einzelhändlers – verbunden (Kirchberg & Behn 1988: 366f.). Ein großes und breites Einzelhandels- und Gastronomieangebot spielt eine entscheidende Rolle für die subjektive

Aufenthaltsqualität der Passanten und trägt entscheidend zur Attraktivität einer Einkaufsstraße und der gesamten Innenstadt bei. Zudem werden durch ein ansprechendes Angebot an Einzelhändlern auch Konsumenten aus weiter entfernten Gebieten angezogen und dadurch die Einzelhandelszentralität der Innenstadt gesteigert, was abermals die Attraktivität des innerstädtischen Einzelhandels – für Konsumenten sowie auch als Standort für weitere Einzelhandelsunternehmen – erhöht.

Durch die Auswahl der Mieter üben die Eigentümer von Einzelhandelsimmobilien somit einen indirekten Einfluss auf die Attraktivität der Innenstadt aus. Ein Mieter, der das bestehende Angebot durch sein Sortiment ergänzt und zudem andere Sortimente abdeckt, bietet einen weiteren Anziehungspunkt und belebt auf diese Weise die Innenstadt (Dichtl 2013: 90). Ebenso könnte ein unattraktiver Mieter aber auch zur Abwertung des Standortes beitragen. Ferner ist nicht jede Einzelhandelsimmobilie für jeden Mieter geeignet; die Eigenschaften der Immobilien schränken daher schon die Anzahl an potentiellen Mietern ein.

Zu diesem Zweck wird in Kapitel 5.3 auf die Ansprüche der Einzelhändler an die Immobilien eingegangen.

5.3 Ansprüche der Einzelhändler an die Immobilien

Im Allgemeinen gibt es mehrere Ansprüche, die eine Immobilie erfüllen muss, um als Einzelhandelsstandort in Frage zu kommen. Diese Ansprüche variieren zum Teil je nach Einzelhandelsunternehmen. Im Großen und Ganzen obliegen die Entscheidungen zur Standortwahl eines Einzelhändlers jedoch ähnlichen Grundsätzen, auf die nun näher eingegangen wird. Dabei wird das Augenmerk explizit auf potentielle Mieter gelegt und weniger auf die Eigentümer der Einzelhandelsimmobilien, wenngleich einige Ansprüche sicherlich auch auf diese zutreffen.

Zum Großteil wird in der Literatur der Lagequalität, die sich vor allem durch den Standort und seiner Sichtbarkeit sowie der Passantenfrequenz ableiten lässt, die höchste Bedeutung beigemessen (Werling 2009: 155). Weiterhin ist das direkte Umfeld der Einzelhandelsimmobilien entscheidend. Hierunter fallen Faktoren, die bereits aus den Kapiteln 5.1 und 5.2 bekannt sind (Sauberkeit, Sicherheit, öffentliche Sitzgelegenheiten, Beleuchtung bei Dunkelheit), aber auch vor allem Aspekte wie der Branchenmix benachbarter Ladenlokale, der Filialisierungsgrad und Leerstände im direkten Umfeld (Meyer 2009: 393f.). Des Weiteren ist die Nähe zu Parkmöglichkeiten und ÖPNV-Haltestellen nicht zu vernachlässigen. Kolb & Seilheimer (2009: 178) geben für beide Kriterien eine maximale Laufdistanz von 250 Metern an, die von Konsumenten bereitwillig zurückleget werden. Dieser Wert wird jedoch von lokalen Rahmenbedingungen – wie z.B. geographischen Gegebenheiten, der Taktfrequenz des lokalen ÖPNVs o.ä. – und der Lage sogenannter Magnetmieter entscheidend beeinflusst und soll lediglich als grober Richtwert dienen.

Aus Kapitel 3 und 4 lässt sich zudem ableiten, dass die Verkaufsfläche – gegenwärtig mehr denn je – einen bedeutenden Entscheidungsfaktor in der Standortwahl ausmacht. Hierbei spielt sowohl die Größe als auch der Zuschnitt dieser Fläche eine Rolle, sodass eine optimale Warenpräsentation gegeben ist. Eine Idealgröße lässt sich jedoch nicht generalisieren, da diesbezüglich die Ansprüche der Einzelhandelsunternehmen differieren (Dichtl 2013: 94). Zu verwinkelte Verkaufsflächen werden gleichwohl als ungünstig für die Kundenführung sowie die Warenpräsentation angesehen und lassen daher keine optimale Ausnutzung der Verkaufsfläche zu (Werling 2009: 162). Ebenso negativ werden Treppen oder Stufen im Eingangsbereich der Einzelhandelsimmobilie wahrgenommen; im Allgemeinen wird ein breiter und offen angelegter Eingangsbereich bevorzugt, da so ein problemloser Übergang des Konsumenten in das Ladenlokal möglich ist (Meyer 2009: 395). Ferner ist eine attraktive Ladenfront bzw. eine ansprechende (Schaufenster-)Fassade das Ziel eines jeden Einzelhändlers; eine optimale Länge für die Ladenfront lässt sich allerdings nicht angeben. Lediglich gewisse Mindestfrontlängen sind in Bezug zu der Verkaufsflächengröße seitens der Einzelhändler laut Literatur bevorzugt (Meyer 2009: 396). Wie Dichtl (2013: 94) herausstellt, sind weitere Objekteigenschaften wie das äußere Erscheinungsbild oder der bauliche Zustand aus Sicht der Einzelhändler eher unbedeutend, wenngleich nicht vollkommen unwichtig.

All diese Faktoren haben auch erheblichen Einfluss auf die Dauer der Mietverträge (Overfeld & Jahn 2009: 430f.). Sowohl Immobilieneigentümer als auch Mieter neigen dazu, Mietverträge von Einzelhandelsimmobilien in Top-Lagen eher langfristig abzuschließen, während bei Einzelhandelsimmobilien in schlechteren Lagen oftmals eher Mietverträge mit kürzeren Laufzeiten abgeschlossen werden.

6. Fazit und Ausblick

Ziel der Arbeit war es, den Einfluss der Eigentümer von Einzelhandelsimmobilien auf die Attraktivität der Innenstadt unter Zugrundelegung der Theorie des Urbanen Regimes zu untersuchen. Nachfolgend werden nun die wesentlichen erkenntnisorientierten Aussagen zusammengefasst und anschließend erfolgt eine kurze kritische Auseinandersetzung mit der Theorie des Urbanen Regimes.

Vorliegende Arbeit zeigt auf, dass der Immobilieneigentümer durch seine Einzelhandelsimmobilie eine entscheidende Rolle in der Gestaltung der Einkaufsstraße und folglich dem Erscheinungsbild der Innenstadt besitzt. Der Einfluss der Stadtverwaltung als öffentlicher Akteur innerhalb des Urbanen Regimes ist vergleichsweise gering. So können zwar zum Schutz eines einheitlichen Erscheinungsbildes der Innenstadt Gestaltungsvorschriften festgelegt werden oder im Rahmen der Städtebauförderung finanzielle Anreize geboten werden, ein genereller Zwang für die Immobilieneigentümer zur Immobilienentwicklung besteht jedoch nicht. Nichtsdestotrotz trifft der Immobilieneigentümer augenscheinlich nicht alle Entscheidungen vollkommen unabhängig, sondern sollte vielmehr als ein Akteur angesehen werden, der in ein lokales Urbanes Regime verschiedener Akteure, die gegenseitig beratend und unterstützend tätig sind, eingebunden ist. Wie stark dieses Urbane Regime ausgeprägt ist, kann dabei sehr unterschiedlich ausfallen; bis hin zu einem Nichtvorhandensein.

Weiterhin hat sich gezeigt, dass vor dem Hintergrund der Veränderungstendenzen im Einzelhandel – E-Commerce, Filialisierung/Internationalisierung, hohe Flächennachfrage und Mietpreisanstieg – gegenwärtig ein allgemeiner Trend unter den Immobilieneigentümer herrscht, der auf die bauliche Anpassung von Einzelhandelsimmobilien abzielt, sodass diese auch zukünftig hochwertig vermietet werden können. Hierdurch wird sich auch in Zukunft das Erscheinungsbild des innerstädtischen Einzelhandels wandeln. Innerhalb des Urbanen Regimes werden weiterhin die Politik sowie die Stadtverwaltungen als beratende und unterstützende Akteure in Erscheinung treten und mit ihren planerischen Vorgaben den rechtlichen Rahmen für alle Akteure bieten. Innerhalb dieses Rahmens werden die Immobilieneigentümer nach wie vor ihre Mieterauswahl sowie Gelstaltungswünsche umsetzen, während Einzelhändler zunehmend höhere Ansprüche an die zu mietenden Einzelhandelsobjekte stellen werden. Hierdurch wird auch in Zukunft ein gewisses Maß an Entscheidungshoheit bzgl. der Attraktivität deutscher Innenstädte bei privaten Akteuren liegen.

Nicht unkommentiert soll dabei der theoretische Rahmen dieser Arbeit bleiben. Die Theorie des Urbanen Regimes bot einen verhältnismäßig geeigneten Analyserahmen des Wirkungsgefüges aller privaten wie auch öffentlichen Akteure. Interessant sind hierbei sicherlich die drei Regime-Typen, die eine unterschiedlich intensive Zusammenarbeit zwischen lokalen Akteuren charakterisieren. Insbesondere im Rahmen von Fallstudien für einzelne Städte, die z.B. im Auftrag von Stadtverwaltungen durchgeführt würden, dürfte diesem Konzept eine größere Bedeutung zukommen, da so sämtliche Steuerungselemente auf kommunaler Ebene analysiert und Veränderungsprozesse erklärt werden können. Im wissenschaftlichen Kontext kritisch zu sehen ist allerdings die sehr stark empirische Ausrichtung und das weitgehende Ausblenden externer Faktoren, wodurch eine mangelnde Quantifizierung zu beanstanden ist.

Literaturverzeichnis

Bahn, C.; Potz, P.; Rudolph, H. (2003): *Urbane Regime – Möglichkeiten und Grenzen des Ansatzes.* Wissenschaftszentrum Berlin für Sozialforschung (Discussion Paper SP III 2003-201).

BNP Paribas Real Estate (2015): *Property Report Retailmarkt Deutschland 2015.* URL: https://www.realestate.bnpparibas.de/upload/docs/application/andrew-inset/2015-02/2015_bnppre_pr_retail_deutschland_de.pdf?id=p_1624374&hreflang=de (16.01.2017).

Bone-Winkel, S.; Schulte, K.-W.; Focke, C. (2008): *Begriff und Besonderheiten der Immobilie als Wirtschaftsgut.* In: Schulte, K.-W. (Hg.): Immobilienökonomie Bd. 1. Betriebswirtschaftliche Grundlagen. München, Wien: Oldenbourg, 3-25.

Börschig, D. & Sturmfels, D. (2010): *Betriebsformen, Zentren- und Lagetypen.* In: Soethe, R.; Rohmert, W. (Hg.): Einzelhandelsimmobilien. Marktsituation, Perspektiven, Trends. München: Haufe-Lexware GmbH & CO. KG, 55-60.

Bundesministerium für Verkehr, Bau und Stadtentwicklung – BMVBS (2010): *Reurbanisierung der Innenstadt.* URL: http://www.bbsr.bund.de/BBSR/DE/Veroeffentlichungen/BMVBS/Online/2010/DL_ON192010.pdf?__blob=publicationFile&v=2 (15.01.2017).

Bundesministerium für Verkehr, Bau und Stadtentwicklung – BMVBS (2011a): *Weißbuch Innenstadt. Starke Zentren für unsere Städte und Gemeinden.* URL: http://www.bbsr.bund.de/BBSR/DE/Veroeffentlichungen/BMVBS/Sonderveroeffentlichungen/2011/DL_WeissbuchInnenstadt.pdf?__blob=publicationFile&v=2 (15.01.2017).

Bundesministerium für Verkehr, Bau und Stadtentwicklung – BMVBS (2011b): *Stadtentwicklung und Image. Städtebauliche Großprojekte in Metropolräumen.* URL: http://www.nationale-stadtentwicklungspolitik.de/NSP/SharedDocs/Publikationen/DE_Ressorforschung/stadtentwicklung_image.pdf?__blob=publicationFile&v=1 (01.02.2017):

Comfort Research & Consulting (2015): *Global Markets Real Estate. Einzelhandelsimmobilienmärkte in Deutschland – Aktuelle Herausforderungen.* URL: https://www.deutsche-hypo.de/wp-content/uploads/2015/09/Deutsche-Hypo_Global-Markets_Einzelhandelsimmobilien-2015.pdf (22.01.2017).

Dichtl, T. (2013): *Eigentümer von Handelsimmobilien als Schlüsselakteure für die Attraktivität der Innenstadt. Untersucht am Beispiel Würzburg.* In: Kulke, E.; Pez, P.; Pütz, R.; Rauh, J.; Schröder, F.; Wotruba, M. (Hg.): Geographische Handelsforschung Bd. 20. Mannheim: Verlag MetaGIS Infosysteme.

Ehrmann, J. (2007): *Die belebte Innenstadt als Rechtsproblem. Zum rechtlichen Instrumentarium zur Erhaltung funktionsfähiger städtischer Zentren.* Stuttgart, München: Boorberg.

Franz, P. (2000): *Suburbanization and the Clash of Urban Regimes: Developmental Problems of East German Cities in a Free Market Environment.* In: European Urban and Regional Studies 7 (2), 135-146.

Gondring, H. (2004): *Immobilienwirtschaft.* Handbuch für Studium und Praxis. München: Vahlen.

Handelsverband Deutschland [HDE] (2015): *Die Mietpreisentwicklung im deutschen Einzelhandel.* URL: http://www.einzelhandel.de/index.php/themeninhalte/standortundverkehr/item/125660-die-mietpreisentwicklung-im-deutschen-einzelhandel (22.01.2017).

Handelsverband Deutschland [HDE] (2016a): *Umsatzentwicklung im Einzelhandel.* URL: http://www.einzelhandel.de/index.php/presse/zahlenfaktengrafiken/item/110189-umsatzentwicklungimeinzelhandel (21.01.2017).

Handelsverband Deutschland [HDE] (2016b): *Verkaufsflächenentwicklung.* URL: http://www.einzelhandel.de/index.php/presse/zahlenfaktengrafiken/item/110188-verkaufsflaechenentwicklung (19.01.2017).

Heinritz, G.; Klein, K.E.; Popp, M. (2003): *Geographische Handelsforschung.* Berlin, Stuttgart: Borntraeger.

Kirchberg, V. & Behn, O. (1988): *Zur Bedeutung der Attraktivität der City. Ein nutzen- und wahrnehmungstheoretischer Ansatz.* In: Friedrichs, J. (Hg.): Soziologische Stadtforschung. Opladen: Westdeutscher Verlag, 357-380.

Kolb, C. & Seilheimer, S. (2009): *Rating von Einzelhandelsimmobilien im Rahmen eines aktiven Asset Managements.* In: Everling, O.; Jahn, O.; Kammermeier, E. (Hg.): Rating von Einzelhandelsimmobilien. Qualität, Potenziale und Risiken sicher bewerten. Wiesbaden: Gabler, 157-184.

Lademann, R. (2011): Innerstädtische Einkaufszentren. Eine absatzwirtschaftliche Wirkungsanalyse. Göttingen: GHS.

Meyer, C. (2009): *Erfolgskriterien von Einzelhandelsimmobilien.* In: Everling, O.; Jahn, O.; Kammermeier, E. (Hg.): Rating von Einzelhandelsimmobilien. Qualität, Potenziale und Risiken sicher bewerten. Wiesbaden: Gabler, 389-404.

Mossberger, K. & Stoker, G. (2001): *The Evolution of Urban Regime Theory.* The Challenge of Conceptualization. In: Urban Affairs Review 36, 810-835.

Overfeld, K. & Jahn, O. (2009): *Standortfaktoren für das Rating von Einzelhandelsimmobilien.* In: Everling, O.; Jahn, O.; Kammermeier, E. (Hg.): Rating von Einzelhandelsimmobilien. Qualität, Potenziale und Risiken sicher bewerten. Wiesbaden: Gabler, 423-438.

Paesler, R. (2008): *Stadtgeographie.* Darmstadt: Wissenschaftliche Buchgesellschaft.

Pütz, R. (2001): *„Money Talks" – Die Internationalisierung des Marktes für Büroimmobilien in Ostmitteleuropa. Das Beispiel Warschau.* In: Erdkund 55 (3), 211-227.

Schröder, F. (1999): *Einzelhandelslandschaften in Zeiten der Internationalisierung.* Birmingham, Mailand, München, Passau: L.I.S. Verlag (Geographische Handelsforschung, 3).

Sperle, T. (2012): *Was Kommt nach dem Handel? Umnutzung von Einzelhandelsflächen und deren Beitrag zur Stadtentwicklung.* Stuttgart: Städtebau-Institut der Universität Stuttgart.

Statistisches Bundesamt (2017): *Private Konsumausgaben (Lebenshaltungskosten) – Deutschland.* Zitiert nach destatis.de. URL: https://www.destatis.de/DE/ZahlenFakten/GesellschaftStaat/EinkommenKonsumLebensbedingungen/Konsumausgaben/Tabellen/PrivateKonsumausgaben_D.html (19.01.2017).

Stepper, M. (2016): *Innenstadt und stationärer Einzelhandel – ein unzertrennliches Paar? Was ändert sich durch den Online-Handel?.* In: Raumforschung und Raumordnung 74 (2), 151-163.

Stoker, G. (1995): *Regime Theory and Urban Politics.* In: Judge, D.; Stoker, G.; Wolman, H. (Hg.): Theories of urban politics. London: SAGE, 54-71.

Stone, C.N. (2005): *Looking Back to Look Forward: Reflection on Urban Regime Analysis*. In: Urban Affairs Review 40, 309-341.

Walzel, B. (2008): *Unterscheidung nach Immobilienarten*. In: Schulte, K.-W. (Hg.): Immobilienökonomie Bd. 1. Betriebswirtschaftliche Grundlagen. München, Wien: Oldenbourg, 117-140.

Werling, U. (2009): *Innerstädtische Geschäftshäuser*. In: Geppert, H.; Werling, U. (Hg.): Praxishandbuch Wertermittlung von Immobilieninvestments. Köln: Immobilien-Manager-Verl., 131-169.

Wieland, T. (2015): *Räumliches Einkaufsverhalten und Standortpolitik im Einzelhandel unter Berücksichtigung von Agglomerationseffekten*. Göttingen: Fakultät für Geowissenschaften und Geographie.

Wotruba, M. (2012): *Auswirkungen von eCommerce auf Einzelhandel und Immobilienwirtschaft*. In: Handelsimmobilien Report (115), 17-18.